石油岗位员工安全生产

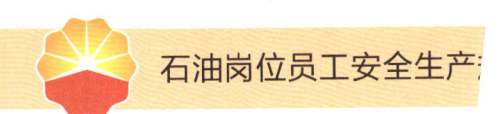

油气集输安全经验分享 100例

中国石油新疆油田公司
采油技能专家（大师）工作室 编著

石油工业出版社

图书在版编目（CIP）数据

油气集输安全经验分享100例／中国石油新疆油田公司，采油技能专家（大师）工作室编著．—北京：石油工业出版社，2021.7

（石油岗位员工安全生产规范操作丛书）

ISBN 978-7-5183-4714-8

Ⅰ.①油… Ⅱ.①中…②采… Ⅲ.①油气集输－安全技术－经验 Ⅳ.① TE86

中国版本图书馆 CIP 数据核字（2021）第 120200 号

出版发行：石油工业出版社
　　　　（北京安定门外安华里2区1号　100011）
　　　网　址：www.petropub.com
　　　编辑部：（010）64523535
　　　图书营销中心：（010）64523633
经　销：全国新华书店
印　刷：北京中石油彩色印刷有限责任公司

2021年7月第1版　2021年7月第1次印刷
889×1194毫米　开本：1/32　印张：4.5
字数：80千字

定价：80.00元
（如出现印装质量问题，我社图书营销中心负责调换）
版权所有，翻印必究

《石油岗位员工安全生产规范操作丛书》
编审委员会

总 策 划： 邵　雨
策　　划： 张智勇　王新喜
技术顾问： 伊其明　王东华　丁　蕾
审　　核： 马　宁　王　辰　史培林　张建民
　　　　　　王　鑫　刘　舜　张　鹏　惠满良
　　　　　　李鹏程　罗　文　彭建福　杜　鹏
　　　　　　董　瑾

《油气集输安全经验分享100例》
编　写　组

主　　编： 李海军
编写人员： 陈　辉　朱安江　张　军　寇秀玲
　　　　　　靳光新　陈其亮　林　伟　杨文学
　　　　　　邓伟军　王桂兵　何　静　卢风光
　　　　　　费红卫　刘吉祥　贾　俊　刁望克
　　　　　　魏昌建　程万军　李爱华　门　虎
　　　　　　陈林政　姚　强　刘新军　刘志辉

前　言

《油气集输安全经验分享100例》主要针对油气集输岗位人员在生产现场发生的有关安全、环境和健康方面的事故、事件及经验做法进行收集与总结，通过还原事件经过，分析导致事件发生的原因，提出预防控制措施及改进作业程序等建议，旨在提高操作人员的安全风险意识、自我保护能力及规范化操作意识，从而更好地夯实安全生产基础。

为帮助阅读人员的理解和记忆，本书以文说事，以画解文，再配以好记易懂的三字警示语，图文并茂，形象直观，引人入胜，使员工能够在趣味的阅读中受到安全教育，从而充分发挥出专业指导书、工具书的作用，突出内容的实用性及先进性。本书可供石油企业集输专业的操作人员、管理人员和技术专业岗位人员参考使用。

本书由中国石油新疆油田公司采油技能专家（大师）工作室负责编写，编写过程中得到新疆油田公司《石油岗位员工安全生产规范操作丛书》编审委员会的大力支持，在此表示衷心感谢。

由于编者水平有限，书中不妥之处在所难免，请广大读者提出宝贵意见。

目　录

1. 样瓶烫伤手指事件 …………………………… 1
2. 做样设备电击事件 …………………………… 2
3. 上罐量油中毒事件 …………………………… 3
4. 玻璃器皿划伤事件 …………………………… 5
5. 下罐梯时踏空事件 …………………………… 6
6. 使用烘箱烫伤事件 …………………………… 7
7. 油样喷溅事件 ………………………………… 9
8. 生活污水池踩空伤人事件 …………………… 10
9. 加药破乳剂进入眼睛灼伤事件 ……………… 11
10. 进入生活污水泵房摔伤事件 ………………… 12
11. 行吊无证操作事件 …………………………… 13
12. 管线解堵烫伤事件 …………………………… 15
13. 更换空气压缩机皮带绞手套事件 …………… 17
14. 打扫设备卫生中毒事件 ……………………… 18
15. 防护设施缺螺栓事件 ………………………… 19
16. 临时用电设施违章事件 ……………………… 20
17. 无特种作业证操作事件 ……………………… 21
18. 安全帽失效事件 ……………………………… 22
19. 吊装时钢丝绳断裂事件 ……………………… 23

20. 氧气压力表过期事件 ································ 24
21. 未开启"四合一"监控系统事件 ·············· 25
22. 静电引发火灾事件 ································ 27
23. 吸烟致清砂池着火事件 ·························· 29
24. 阀门间管线渗漏事件 ······························ 30
25. 加热炉点炉事件 ···································· 31
26. 换热器憋压刺漏事件 ······························ 33
27. 跨越管线摔伤事件 ································ 34
28. 压力表螺纹刺漏事件 ······························ 35
29. 棉纱缠绕泵轴事件 ································ 37
30. 脚踩阀门摔伤事件 ································ 38
31. 工具损坏事件 ·· 39
32. 跨管线扭伤事件 ···································· 40
33. 配电室更换保险丝伤人事件 ·················· 41
34. 铜棒伤人事件 ·· 42
35. 配电箱合闸伤人事件 ······························ 44
36. 雨雪天摔伤事件 ···································· 45
37. 焊枪泄漏事件 ·· 46
38. 工具打滑事件 ·· 48
39. 碎屑飞出打伤眼睛事件 ·························· 49
40. 不按操作规范更换灯管事件 ·················· 50
41. 阀门损坏事件 ·· 52
42. 管线坑道盖板伤人事件 ·························· 54

43. 班车带玻璃伤人事件 …………………………… 55
44. 劳保服穿戴不规范事件 …………………………… 57
45. 曲杆泵紧密封填料事件 …………………………… 58
46. 未按规程更换压力表事件 ………………………… 60
47. 阀门刺漏事件 ……………………………………… 61
48. 下楼梯打电话摔伤事件 …………………………… 62
49. 清扫卫生漫水事件 ………………………………… 63
50. 屋顶落物事件 ……………………………………… 64
51. 反应罐检修中毒事件 ……………………………… 65
52. 临时用电线路违章事件 …………………………… 67
53. 配电间短路起火事件 ……………………………… 69
54. 地下深水井碰伤事件 ……………………………… 71
55. 配电室维修电击事件 ……………………………… 72
56. 跌落油罐车事件 …………………………………… 74
57. 加药箱挡板掉落事件 ……………………………… 75
58. 设备螺栓松动事件 ………………………………… 76
59. 发动机盖子未扣牢事件 …………………………… 77
60. 启动离心泵违章操作事件 ………………………… 78
61. 密封填料烧焦事件 ………………………………… 80
62. 清罐中毒事件 ……………………………………… 82
63. 维修罐区阀门操作不当事件 ……………………… 84
64. 劳保服穿戴不全事件 ……………………………… 85
65. 跨越管线事件 ……………………………………… 87

66. 雪天巡回检查滑倒事件 …………………… 88
67. 倒流程扭伤腰事件 ………………………… 89
68. 违章吊装事件 ……………………………… 90
69. 戴手套用手锤受伤事件 …………………… 91
70. 换密封填料摔伤事件 ……………………… 92
71. 卸油台气体中毒事件 ……………………… 94
72. 领取物料搬运过程受伤事件 ……………… 96
73. 巡检脚扭伤事件 …………………………… 97
74. 更换牙块受伤事件 ………………………… 98
75. 培训受伤事件 ……………………………… 99
76. 下平台摔伤事件 …………………………… 100
77. 擦试运转设备绞伤手指事件 ……………… 101
78. 污水水质分析作业中毒事件 ……………… 102
79. 路面结冰摔伤事件 ………………………… 104
80. 送班车冬季打滑事件 ……………………… 106
81. 乘车不系安全带事件 ……………………… 107
82. 刮泥机轨道结冰事件 ……………………… 108
83. 劳保用品穿戴不全事件 …………………… 110
84. 切换流程原油泄漏事件 …………………… 111
85. 蒸汽阀门冻堵事件 ………………………… 112
86. 巡检跨站看压力表事件 …………………… 114
87. 女工未戴安全帽事件 ……………………… 115
88. 手指夹断事件 ……………………………… 116

89. 巡检时脚踝骨裂事件 …………………………… 117
90. 排泥时轻微中毒事件 …………………………… 119
91. 切换流程憋压刺漏事件 ………………………… 120
92. 反洗罐跑水事件 ………………………………… 121
93. 房檐冰凌掉落事件 ……………………………… 122
94. 梯子滑倒摔伤事件 ……………………………… 123
95. 巡检扎伤脚事件 ………………………………… 124
96. 吊运工用具坠落事件 …………………………… 125
97. 膝盖受伤事件 …………………………………… 127
98. 应急预案演练摔倒事件 ………………………… 129
99. 灭火器演练窒息事件 …………………………… 130
100. 灭火器砸脚事件 ………………………………… 132

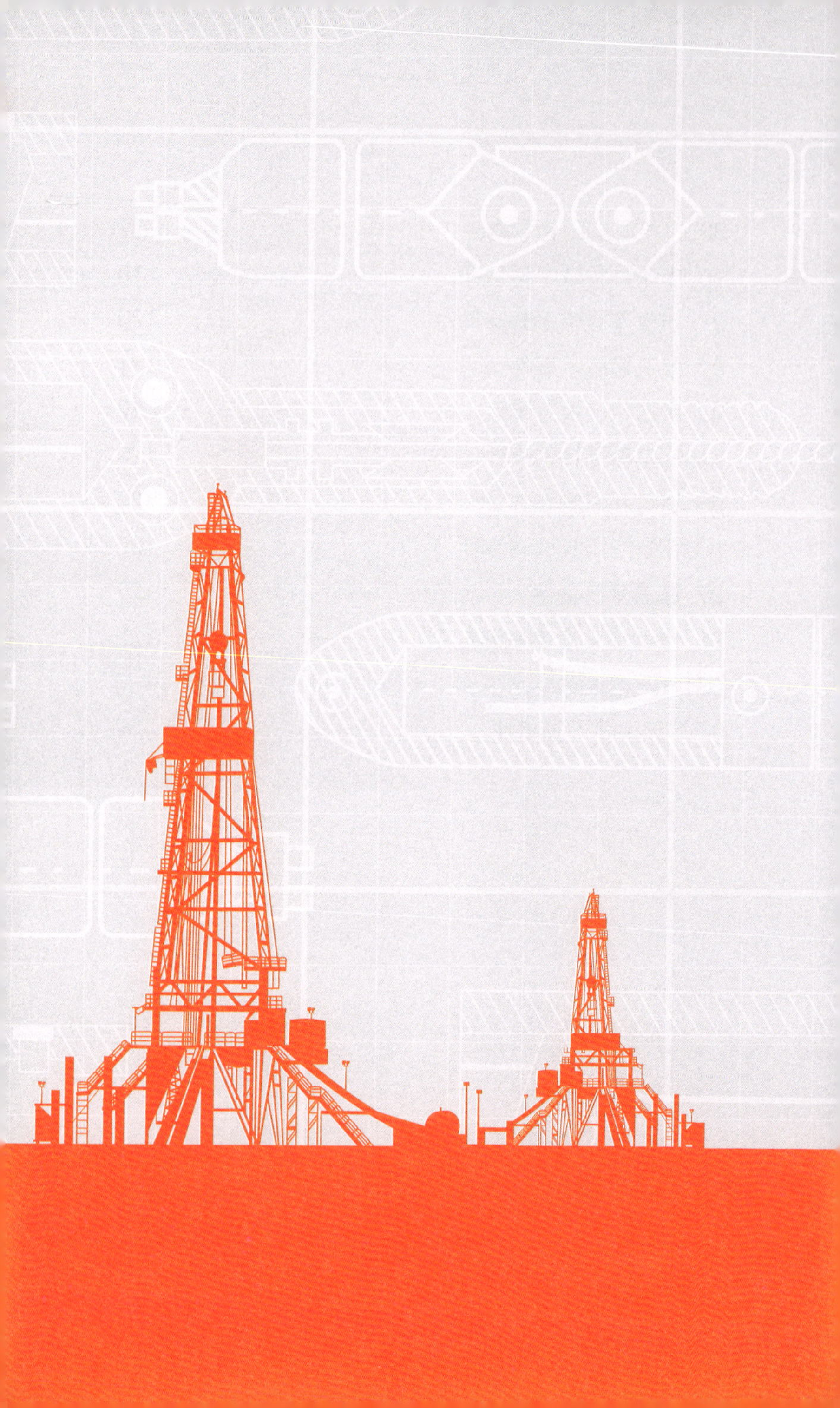

1. 样瓶烫伤手指事件

◆ **事件经过**

某日,某原油化验工在化验室做完原油含水样测定,关闭电源后,徒手将蒸样用的圆底烧瓶从加热套中取出,将油样倒入回收桶后,直接将圆底烧瓶放入水池中进行清洗,造成右手拇指、食指轻微烫伤。

◆ **原因分析**

(1)蒸样圆底烧瓶清洗前未降温。
(2)未戴手套直接用手触摸圆底烧瓶。

◆ **防范措施**

(1)蒸样圆底烧瓶应降至室温后(手背碰触不烫手)再进行清洗。
(2)清洗圆底烧瓶时应戴好胶皮手套,轻拿轻放,防止烫伤、划伤。

◆ **警示语**

油样瓶　温度高　先降温　再清洗
清洗时　莫心急　保护品　要戴好

2. 做样设备电击事件

◆ 事件经过

某日，某原油化验工在化验室作业，将圆底烧瓶放置到加热套内后，未擦干手便拿起旁边加热套插头插入墙上的插座内，当时感觉到手指一阵麻木，该员工快速将手收回，造成轻微触电。

◆ 原因分析

该员工用湿手拿加热套插头插入插座。

◆ 防范措施

使用插头时，手要保持干燥。

◆ 警示语

插插头　手要干　绝缘端
要抓好　鞋绝缘　防触电

3. 上罐量油中毒事件

◆ 事件经过

某年夏季,某员工到油罐上进行量油作业,该员工上罐后直接打开量油孔,下量油尺进行量油作业。当看到量油尺尺锤接触到油面上时,该员工低头查看量油尺下尺刻度。量油作业结束后,该员工收拾工具下罐往值班室走的时候,感觉头晕、恶心,送到医院检查发现,该员工因吸入过多有毒有害气体,造成轻微中毒现象。

◆ 原因分析

(1)该员工上罐后,未站在上风口进行量油作业。

(2)该员工查看量油尺下尺刻度时,头部与量油孔未保持安全距离。

◆ 防范措施

(1)上罐后,应先判断风向,人站上风口进行量油作业。

(2)查看量油尺下尺刻度时,头部与量油孔距离应保持在 70cm 以上。

◆ 警示语

上油罐　量油位　上风口　选择好

看刻度　头与孔　按要求　来操作

4. 玻璃器皿划伤事件

◆ **事件经过**

某日,某化验工在化验室做完原油含水试样测定,原油试样瓶降至室温后,将试样瓶拿到水池边准备对样瓶进行清洗,在清洗时发现胶皮手套不在水池边,就直接徒手倒入清洗液清洗样瓶。在清洗过程中,手部打滑,造成烧瓶破碎,将化验工右手划伤。

◆ **原因分析**

清洗样瓶时,未戴胶皮手套。

◆ **防范措施**

清洗样瓶时,应戴好胶皮手套等劳动保护用品。

◆ **警示语**

玻璃瓶　易滑落　划伤手
清洗时　保护品　带齐全

5. 下罐梯时踏空事件

◆ 事件经过

某日,某员工在油罐上进行量油检尺作业,该员工检尺完成后,双手分别提着量油尺和量油桶下罐,在下罐时,脚下突然踏空,直接在罐梯上摔倒。该员工左手及时抓住罐梯扶手,才未造成严重后果,但身上多处擦伤。

◆ 原因分析

下罐时没有手扶扶梯下罐。

◆ 防范措施

上、下罐时,应手扶罐梯扶梯缓慢上、下罐。

◆ 警示语

上下罐　手扶梯　步要稳
缓慢行　出事故　伤自己

6. 使用烘箱烫伤事件

◆ 事件经过

某日，某化验工取完原油试样回到化验室，准备倒原油试样时，发现烘箱外的接收器都不干净，便到烘箱内去取，在打开烘箱门时，没有注意到烘箱是在加温状态，直接徒手去拿接收器，造成右手手指烫伤。

◆ 原因分析

（1）做样前未提前准备好合格的工用具。
（2）开烘箱门时未看到烘箱在加温状态。
（3）取烘箱内器皿时没有戴隔热手套。

◆ 防范措施

（1）做样前应提前准备好所需要的、合格的工用具。
（2）取烘箱内器皿时，应先确定烘箱是在备用状态下再进行操作。
（3）取放烘箱内器皿时应戴好隔热手套及其他防护用品。

◆ 警示语

　　　　工用具　准备全　停断电　开烘箱

　　　　拿器皿　先降温　戴手套　把物取

7. 油样喷溅事件

◆ **事件经过**

某化验工在蒸原油含水样时，在加热初始阶段将电热套压力旋钮打开，就直接做其他事情去了，等转身回来，发现原油样喷溅，喷出的油落在墙面、做样台和地面上，幸亏人离得远没有喷上，未造成烫伤事故。

◆ **原因分析**

（1）蒸样时，员工擅自离开操作岗位。

（2）蒸样过程中，员工没有及时到场调整压力。

◆ **防范措施**

（1）化验过程中，员工不得擅自离开操作岗位。

（2）应定期检查电加热装置，做到人走断电。

（3）原油样快沸腾时，要及时调整压力，控制回流速度，防止油样中蒸汽突沸。

◆ **警示语**

原油样 上炉台 初加热 压力开 化验工 莫离岗 炉台旁 细细看 快沸腾 调压力 防喷溅 莫伤人 护环境 己安全

8. 生活污水池踩空伤人事件

◆ **事件经过**

某日,某员工夜间巡检到地下生活污水池时,听到生活污水池中泵运转声音较大,便想下去查看一下。该员工手拿防爆手电,顺着扶梯向下走时,脚底突然踩空,直接翻到地面,背部造成多处擦伤。

◆ **原因分析**

(1)楼梯处未粘贴反光警示标识。

(2)未手扶扶梯下生活污水池。

◆ **防范措施**

(1)楼梯处应贴反光警示条或设置明显的警示标识。

(2)手扶扶梯,缓慢下生活污水池。

◆ **警示语**

夜巡检　有要求　上下梯　手扶梯

楼梯处　贴标志　有防范　无伤害

9. 加药破乳剂进入眼睛灼伤事件

◆ **事件经过**

某日，某员工在加药泵房进行破乳剂加注操作，在抽完一桶破乳剂后，未停泵就将空桶内的进口管线拔出插入旁边的另一桶破乳剂中，进口管线上的破乳剂溅起飞入该员工眼睛里，该员工立即用洗眼器清洗眼睛中的破乳剂，过了好几天后眼睛才消肿。

◆ **原因分析**

（1）该员工加注破乳剂时未佩戴护目镜。

（2）该员工切换破乳剂药桶时未停泵。

◆ **防范措施**

（1）加注破乳剂时，应正确佩戴护目镜，防止药液飞溅。

（2）切换破乳剂药桶时，应先停泵再切换。

◆ **警示语**

破乳剂　易飞溅　护目镜　佩戴好

换药桶　莫违章　先停泵　再切换

10. 进入生活污水泵房摔伤事件

◆ **事件经过**

某日，某员工巡回检查，在来到污水污泥泵房时，听泵声音有异常，于是下楼梯下去查看，在下楼梯过程中，突然从台阶上滚落下去，造成身上多处擦伤。

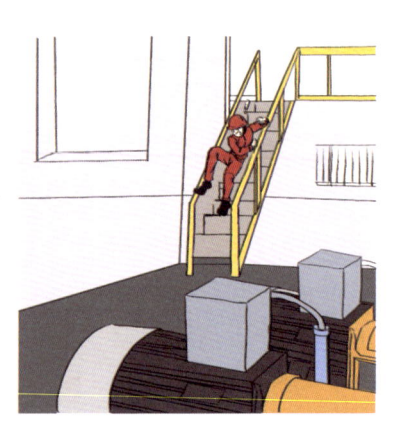

◆ **原因分析**

（1）下楼梯台阶速度太快，脚下踏空。

（2）下楼梯台阶时未手扶楼梯扶手。

（3）楼梯旁边未有明显警示标志。

◆ **防范措施**

（1）缓慢上下楼梯台阶，注意脚下莫踏空。

（2）上下楼梯台阶时，要手扶扶手。

（3）楼梯旁边应标识警示标志，提醒员工。

◆ **警示语**

下台阶　要平稳　扶扶手

要做到　警示语　要写清

11. 行吊无证操作事件

◆ **事件经过**

某日，两名维修人员在污水处理站过滤器间安装 2# 离心泵转子时，因离心泵转子重，须使用行吊搬运。其中一名员工因没有等到行吊专人来操作，于是自行启动行吊设备进行操作，由于经验不足，行吊下落时速度较快，直接压到另一名员工的手上，造成手被挤伤。

◆ **原因分析**

（1）吊装作业前未办理作业许可证。

（2）操作人员无桥门式起重机操作证。

（3）起吊前，未拉警戒线。

◆ **防范措施**

（1）吊装作业必须办理作业许可证后方可实施作业。

（2）操作人员必须持有桥门式起重机操作证。

（3）起吊前，先拉警戒线，确保现场操作人员与被吊物保持一定的距离。

◆ 警示语

用行吊 许可证 先办理

操作证 有专人 没取证

莫操作 警戒线 要拉好

12. 管线解堵烫伤事件

◆ 事件经过

某年冬天晚上,某员工在巡检时发现一台换热器部分管线冻堵,立即报告班长后马上切换流程进行解堵。当班人员采取敲击管线和蒸汽加热吹扫管线的措施解堵,在对管线进行加热吹扫过程中,管内的原油化开后从拆掉的法兰处流出,滴落在管线下方作业人员的手上,造成该员工手背烫伤。

◆ 原因分析

(1)未按照正确的解冻方法进行操作。

(2)作业过程中未做好自身防护。

(3)作业过程中未控制好蒸汽压力。

◆ 防范措施

(1)严格执行操作规程,采用正确的解冻方法(先两头,后中间)。

(2)解冻前,应做好自身防护,戴好手套,防止烫伤。

（3）作业时，及时调节并控制好蒸汽压力，防止意外事故的发生。

◆ 警示语

解堵时　按要求　来操作
防护品　穿戴好　防烫伤
作业中　蒸汽值　调节好

13. 更换空气压缩机皮带绞手套事件

◆ 事件经过

某日,某员工在更换污水处理站过滤器间空气压缩机皮带时,因怕脏,戴着手套,将皮带一根一根安装,在安装最后一根皮带时,手和手套一起卷进空气压缩机皮带轮中,该员工当时手快及时抽出,未造成严重后果。

◆ 原因分析

戴手套更换皮带。

◆ 防范措施

更换皮带作业严禁戴手套。

◆ 警示语

空压机　换皮带　戴手套

是违章　按规程　无伤害

14. 打扫设备卫生中毒事件

◆ **事件经过**

某年冬天，天气寒冷，某员工在泵房打扫设备卫生时，发现设备上及底座有油污，该员工打来清洗油对设备进行清洗去污，在清洗过程中，没有开门窗通风，因油气挥发，造成员工头晕、恶心，轻微中毒。

◆ **原因分析**

密闭空间未开门窗通风。

◆ **防范措施**

穿戴好劳动防护用品，加强通风。

◆ **警示语**

清洗油　有毒气　清理中
开门窗　守章程　两不误

15. 防护设施缺螺栓事件

◆ 事件经过

某年，稠油处理站在安全自检自查活动中，在检查到转油泵时发现5#转油泵运转声音不正常，便停泵进行检查，在检查中发现电动机接线防护罩缺了一颗螺栓，立即进行了整改。

◆ 原因分析

（1）设备防护设施缺失。

（2）操作员工启泵前未对设备进行启泵前的检查。

◆ 防范措施

（1）维修人员要按时对设备防护设施进行日常保养维护，确保设备防护设施齐全、完好。

（2）操作员工启泵前要按照操作规程对设备进行启泵前检查，确定设备完好后再进行启泵操作。

◆ 警示语

防护罩　少螺栓　维修工　责任重　按要求　常维护
　操作工　操作前　要检查　没问题　再启泵

16. 临时用电设施违章事件

◆ 事件经过

某年，稠油处理站施工方正在进行油罐清砂作业，处理站监督人员在检查中发现，施工方使用的临时接电设施未安装漏电保护器，该监督人员立即让施工方停止作业，避免了临时用电漏电触电的风险。

◆ 原因分析

（1）施工方使用的临时接电设施不符合国家规范要求及规定。

（2）承包商未按照许可作业相关要求进行作业。

◆ 防范措施

（1）现场临时用电设备必须符合国家规范要求及规定方可使用。

（2）加强承包商许可作业相关培训。

◆ 警示语

油罐区 燃气多 电设备 临时用
按要求 要规范 漏一项 出事故

17. 无特种作业证操作事件

◆ **事件经过**

某年，稠油处理站在一次管线修补作业时，作业区安全员在对乙方电焊工进行特种作业操作证检查时，发现乙方某名员工没有特种作业操作证，立即停止该员工作业。

◆ **原因分析**

（1）施工方违章作业，自检不到位。

（2）承包商未参加许可作业相关培训。

◆ **防范措施**

（1）施工方应对自身员工持证情况进行详细检查登记。

（2）加强承包商许可作业相关培训。

◆ **警示语**

电气焊　特殊活　无专证　莫上岗

承包商　意识差　勤培训　杜违章

18. 安全帽失效事件

◆ 事件经过

某日，某员工在一次吊装作业时，随手在库房拿了一顶安全帽戴上，在捆绑完吊物时，猛一抬头撞到吊钩上，安全帽也脱落掉地，当拾起安全帽准备重新戴上时，发现安全帽出现裂痕，后在检查安全帽时，才发现安全帽已过有效日期。

◆ 原因分析

（1）员工在拿安全帽时未对安全帽进行有效期检查。

（2）过期安全帽未按要求回收。

◆ 防范措施

（1）安全帽使用前应进行有效期检查且必须完好。

（2）过期安全帽应统一回收，不得随便使用。

◆ 警示语

安全帽　佩戴时　有效期

要看清　不合格　要回收

19. 吊装时钢丝绳断裂事件

◆ 事件经过

某日，维修人员在维修泵房电机设备，要将135kW电机移开，需要用钢丝绳进行吊装，某操作员工在用钢丝绳将电机固定住，吊装工启动行吊吊起电机，在吊装到半空时，钢丝绳突然发出断股的声音，吊装工立即停止吊运，将电机放回地面。

◆ 原因分析

（1）吊装前未对钢丝绳进行检查。
（2）起吊前对吊装物未进行试吊。

◆ 防范措施

（1）吊装前应对钢丝绳进行检查。
（2）起吊前应对吊装物进行试吊。

◆ 警示语

用吊车　吊重物　钢丝绳　要检查
固定后　先试吊　都安全　再操作

20. 氧气压力表过期事件

◆ 事件经过

某日，稠油处理站在一次管线修补作业时，监护人员在对施工方的电焊工进行特种作业操作证检查后，在对灭火器、氧气瓶及连接线检查时，发现氧气瓶压力表检验日期已过期，立即停止该项目作业。

◆ 原因分析

施工方作业前未按要求准备合格的机具设备。

◆ 防范措施

施工方作业前应按合同要求，自检自查，按要求准备合格的机具设备。

◆ 警示语

施工方　作业前　按要求
查设备　合格后　再操作

21. 未开启"四合一"监控系统事件

◆ **事件经过**

某日，某员工在污水处理站对生活污水池设备进行保养，该员工到达现场后，用"四合一"检测仪进行硫化氢等气体检测，见仪器没有异常显示，便放下仪器进入生活污水池保养设备，保养结束后，拿起"四合一"检测仪准备关闭时，才发现"四合一"仪器根本没有开启，该员工当时惊呆，冒一身冷汗。

◆ **原因分析**

（1）进入受限空间作业前，未办理作业许可证就实施作业。

（2）气体检测时，未确定"四合一"检测仪是否开启就检测。

（3）特殊作业未有监护人员现场监护。

◆ **防范措施**

（1）进入受限空间作业前，应办理作业许可证，作业许可证上应填写检测值，再实施作业。

（2）气体检测时，应确定"四合一"检测仪开启后再进行检测。

（3）特殊作业应有监护人员现场监护。

◆ 警示语

四合一　检测前　先开启　后检查

正常后　再检测　专人盯　再作业

22. 静电引发火灾事件

◆ **事件经过**

某日，某驾驶员到卸油台卸油，当操作员工打开阀门放油时，驾驶员戴着胶皮手套爬上车顶，想查看罐内情况，于是向该员工借手电筒查看，该员工嫌驾驶员手套太脏，要求驾驶员将手套脱掉，驾驶员便摘去手套接过操作员工手中手电筒，驾驶员刚拿上手电筒，就听"轰"的一声，油罐车罐口着火，俩人立即拿来灭火器将火扑灭。

◆ **原因分析**

（1）驾驶员没穿防静电服及鞋。
（2）驾驶员上油罐前没有释放人体静电。
（3）操作员工手电筒不防爆。

◆ **防范措施**

（1）进入油区要按规定穿戴好劳动保护用品。
（2）进入油区内，必须要释放人体静电。
（3）油区内，必须佩戴防爆用具。

◆ 警示语

卸油台　把油卸　劳保服　穿戴好

油区内　放静电　工用具　要防爆

23. 吸烟致清砂池着火事件

◆ **事件经过**

某年，某施工方人员在稠油处理站清砂池进行清砂作业，中途休息时，其中一人点火抽烟，顺手把燃着的火柴丢弃在清砂池内，池内积水面上的轻质油被瞬间点燃引发火灾，将现场人员烧伤。

◆ **原因分析**

（1）油区内施工人员带烟火进入作业。
（2）承包商未对施工人员进行作业前安全教育培训。
（3）油区内承包商未安排安全监护人员进行监护。

◆ **防范措施**

（1）油区内禁止带烟火及易燃易爆物品。
（2）承包商应对施工人员进行作业前安全教育培训。
（3）油区内承包商应安排安全监护人员进行监护。

◆ **警示语**

油区内　禁烟火　防爆物　莫带入
施工方　宣传到　监护人　安排到

24. 阀门间管线渗漏事件

◆ **事件经过**

某日，某员工上班交接班后，便去站区巡检，当来到阀门间时，发现阀门间的一个阀门与管线连接处有原油滴漏，地面上的原油也慢慢地在向周边蔓延，便立刻用报话机通知班长，并切换流程进行处理。

◆ **原因分析**

（1）操作员工上班期间没有按时对设备进行巡回检查。

（2）维修人员未按时对设备设施进行日常维护检查。

◆ **防范措施**

（1）操作员工上班期间应按时对设备进行巡回检查。

（2）维修人员应按时对设备设施进行日常维护检查，确保设备设施完好。

◆ **警示语**

操作工　巡检时　要按时
维修工　按要求　常维护

25. 加热炉点炉事件

◆ **事件经过**

某日，某员工在稠油处理站进行加热炉点火作业，点了几次都没有点着，该员工一着急，直接将脸正对点火孔，直接再次进行点火，只听"嗵"的一声，炉膛发生闪爆，该员工脸被燎伤。

◆ **原因分析**

（1）操作员工点火时，脸和身体正对点火孔。

（2）操作员工直接将点火棒伸入点火孔内点火。

（3）操作员工多次点火后，没有重新吹扫炉膛。

◆ **防范措施**

（1）操作员工点火时，脸和身体应在点火孔侧面。

（2）操作员工应侧面将点火棒伸入点火孔内点火。

（3）若瓦斯手阀打开10秒还点不着，则认为点火失败，必须重新吹扫炉膛，直到炉膛分析合格后方可重新点火。

◆ 警示语

　　　　加热炉　要点炉　点火时　侧面站
　　　　重新点　先吹扫　合格后　再引火

26. 换热器憋压刺漏事件

◆ **事件经过**

某日，某员工当班时，接到调度室通知恢复生产，便先来到换热器设备前进行流程切换，该员工切换完换热器流程后，转身就来到转油泵房启泵，启泵后还没有出泵房，便听到旁边换热器处有刺漏声，跑出去一看，发现换热器阀门连接处因憋压刺漏，造成地面污染。

◆ **原因分析**

换热器流程切换后，未检查流程是否正确。

◆ **防范措施**

换热器流程切换后，应先检查流程正确再进行启泵作业。

◆ **警示语**

　　换热器　切流程　切换后
　　要检查　流程通　再启泵

27. 跨越管线摔伤事件

◆ **事件经过**

某年，某集输处理站内管线大修，挖了几条1m左右宽的管线坑，某员工巡检完往值班室走时，来到了管线坑跟前，直接从管线坑上跨过，当脚落到管线坑边时，因坑边土质松散，直接滑入坑道内，造成腿部受伤。

◆ **原因分析**

（1）管线坑周围未拉警戒线及放警示牌。
（2）管线坑未安放临时过桥。

◆ **防范措施**

（1）管线坑周围应拉警戒线及摆放明显警示标识。
（2）管线坑应根据需要安装临时过桥。

◆ **警示语**

修管线　挖坑道　警戒线　要拉好　警示牌　要放好
临时桥　要搭好　操作工　路过时　知隐患　绕边行

28. 压力表螺纹刺漏事件

◆ **事件经过**

某日，某员工到转油泵房更换压力表，更换完毕后，关闭压力表放空阀门，直接打开了压力表控制阀门，压力表螺纹处立刻有原油刺漏出来，喷到该员工脸上，造成该员工面部烫伤。

◆ **原因分析**

（1）更换前，未对压力表各连接处进行检查。

（2）更换完毕，未进行试压，直接开启压力表控制阀门。

（3）开启压力表控制阀门时，未缓慢开启。

◆ **防范措施**

（1）更换前，应对压力表各连接处进行检查，合格后方可使用。

（2）更换完毕，应先进行试压，待压力表各连接处不渗不漏后，再全部开启。

（3）开启压力表控制阀门时，应缓慢开启，待压力表各连接处不渗不漏后，再全部开启。

◆ 警示语

压力表　更换时　连接处　要检查　安装完

先试压　开阀门　要缓慢　无渗漏　再全开

29. 棉纱缠绕泵轴事件

◆ 事件经过

某日,某员工在打扫转油泵房卫生时,看到一台正在运行中的输油泵联轴器下有一块油迹,就直接拿起棉纱去擦拭,在擦拭油污的时候,棉纱被联轴器卷进去,该员工立刻松开棉纱,没有造成人身伤害。

◆ 原因分析

擦拭设备时未停泵。

◆ 防范措施

擦拭设备时,应先停泵后再作业。

◆ 警示语

输油泵　在运转　要清理

先停泵　存侥幸　出事故

30. 脚踩阀门摔伤事件

◆ 事件经过

某日,某员工夜晚巡检到换热器,查看换热器温度计的读数,因天黑看不清温度计数值,就直接用一只脚踩到阀门手轮上近距离观看。观看时,脚下手轮突然转动,该员工顿时失去重心摔倒在地,腿部被摔伤。

◆ 原因分析

(1)脚踩阀门,属于习惯性违章。
(2)夜间巡检没有带应急灯。

◆ 防范措施

(1)杜绝习惯性违章现象。
(2)夜晚巡检带好夜间用品。

◆ 警示语

夜巡检　看不清　应急灯　带身上
看温度　莫偷懒　巡检线　要遵守

31. 工具损坏事件

◆ 事件经过

某日，某员工到转油泵房进行泵切换作业。在倒流程时，因阀门太紧，未能打开，于是该员工拿来管钳卡住阀门手轮开启阀门，但还是没有打开，该员工就直接人站在管钳把手上使劲加力往下踩，结果管钳钳把被折断，该员工也摔倒在地上受伤。

◆ 原因分析

（1）未正确使用工具。
（2）设备设施未定期保养。

◆ 防范措施

（1）正确使用工用具。
（2）阀门应定期保养维护，使其开关灵活好用。

◆ 警示语

开阀门　打不开　先保养　再开启
用工具　要正确　使蛮劲　伤自己

32. 跨管线扭伤事件

◆ **事件经过**

某日，某员工夜班巡检结束，走近路回值班室时，遇到前方有一管线拦路，于是该员工就直接跨越管线，在落地的一瞬间，左脚未站稳，造成扭伤，经医院确诊为左脚踝处骨折。

◆ **原因分析**

（1）未按巡检路线进行巡检。
（2）违章跨越管线。

◆ **防范措施**

（1）按路线进行巡检。
（2）遇管线时，应绕行或走跨桥穿越管线。

◆ **警示语**

巡检时　按路线　有管线　不跨越　选平路
请绕行　走跨桥　要小心　有保障　才平安

33. 配电室更换保险丝伤人事件

◆ **事件经过**

某日，某员工去配电室更换保险丝，更换完保险丝后，该员工随手就直接将闸刀合上，在合电闸的一瞬间，一道电光就闪在该员工的脸上，被电弧击伤。

◆ **原因分析**

（1）合电闸时该员工正对着配电箱合闸。
（2）送断电时，未戴绝缘手套操作。
（3）未有监护人员监护作业。

◆ **防范措施**

（1）合电闸时，人应站在配电箱侧面合闸。
（2）送断电时，应戴绝缘手套操作。
（3）特殊作业应有专人监护作业。

◆ **警示语**

换保险　有监护　拉合闸
站侧面　专用具　要戴上

34. 铜棒伤人事件

◆ 事件经过

某日，张某和王某进行输油泵保养作业，在保养过程中发现输油泵的联轴器有裂痕，于是就决定更换，在更换过程，张某进行对中，王某没有摘掉手套就拿起铜棒进行敲击，张某就提醒他摘掉手套，但王某却不以为意，在他敲击的过程中，铜棒打滑，方向偏移，向着张某的手砸去，将张某的右手砸伤，造成骨折。

◆ 原因分析

（1）王某使用铜棒未摘手套。

（2）张某在知道违章的情况下，没有制止王某继续作业。

◆ 防范措施

（1）使用铜棒时，应先摘除手套再使用，避免铜棒打滑伤人。

（2）遇到违章作业时，应及时制止，避免违章事故发生。

◆ 警示语

用工具　要知道　用铜棒　去手套

有违章　要制止　抱侥幸　害自己

35. 配电箱合闸伤人事件

◆ **事件经过**

某日，大风过后，某员工在巡检时，发现值班室无电，于是该员工就打开该房间的总电源配电箱，发现是电源开关跳闸，于是就随手合上电源开关，瞬间一道电弧飞出，刺伤了该员工的眼睛及手腕。

◆ **原因分析**

（1）合电闸时该员工正对着配电箱合闸。

（2）送断电时，未戴绝缘手套操作。

◆ **防范措施**

（1）合电闸时人应站在配电箱侧面合闸。

（2）送断电时，应戴绝缘手套操作。

◆ **警示语**

停送电　站侧面　专用具

要戴上　防电击　免伤害

36. 雨雪天摔伤事件

◆ 事件经过

某年冬季,大雪纷飞,某班组员工冒雪进入罐区进行流程切换作业,为避风雪,该员工跑步到达罐区,在跑的过程中脚底打滑,重心失衡摔倒,将腿部摔伤。

◆ 原因分析

(1)雨雪天跑步作业。

(2)未及时清理路面积雪。

◆ 防范措施

(1)雨雪天应注意路面积雪,禁止跑步作业。

(2)及时清理路面积雪。

◆ 警示语

大雪天　倒流程　地面滑　莫跑步

有积雪　先清理　有安全　无伤害

37. 焊枪泄漏事件

◆ 事件经过

某日，稠油处理站用电气焊进行暖气整改作业。操作工准备就绪后，点火开始作业，操作工正在作业时，忽然电气焊枪与管线连接处有火焰喷出，将该操作工的右手燎伤。后经调查发现，是因电气焊枪与管线连接处有一细小裂缝，有气体泄出，被焊枪口火焰引燃，造成事故。

◆ 原因分析

（1）操作前，操作工未对电气焊枪口与管线连接处进行检查。

（2）操作工作业时未戴电气焊专用手套。

（3）特殊作业未有专人监护作业。

◆ 防范措施

（1）操作前，操作工应对电气焊枪口与管线连接处进行检查，完好后再进行作业。

（2）操作工作业时，应戴好电气焊专用手套及劳动保护用品。

（3）特殊作业应有专人进行监护作业。

◆ 警示语

电气焊　危险大　各部位　细检查

劳保品　穿戴好　派专人　来监护

38. 工具打滑事件

◆ 事件经过

某日，某员工在综合泵房进行设备维护保养作业。当紧固完泵体周围螺栓后，发现有几个小螺栓未拧紧，准备拿小扳手拧紧时，才发现没有带小扳手，于是该员工就直接用大扳手去紧小螺栓，在操作过程中用劲时扳手打滑，使该员工整个身体扑在设备上，造成磕伤。

◆ 原因分析

（1）作业时未带全工用具。

（2）作业时使用不合适的工用具作业。

◆ 防范措施

（1）根据作业需要带全所用工用具。

（2）作业时应选择适合操作需要的工用具。

◆ 警示语

有设备 需保养 工用具 要带全

小螺栓 大工具 不配套 存隐患

39. 碎屑飞出打伤眼睛事件

◆ 事件经过

某日，有一位电焊工在打磨焊口时，使用没有防护罩的砂轮，有人提醒他，他却说"只要自己注意，不会有危险"。结果砂轮打磨出的焊渣飞出，飞入眼睛，造成了伤害。

◆ 原因分析

（1）使用没有防护罩的砂轮机。
（2）没有戴防护眼镜。

◆ 防范措施

（1）砂轮机安全设施不全时，禁止使用。
（2）佩戴护目镜，正确着装，做好个人防护工作。

◆ 警示语

砂轮机　没护罩　有隐患　不能用
操作时　有防范　防护镜　要戴上

40. 不按操作规范更换灯管事件

◆ **事件经过**

某日，某员工接班后，发现值班室的灯不亮，于是带上灯管就去更换，因距离过高，该员工就找来一张桌子及一把凳子，拼接上进行更换，在更换的过程中，灯管突然闪亮，该员工一紧张，从凳子上掉下，腰部摔伤。

◆ **原因分析**

（1）未使用符合要求的登高用具。

（2）更换前，未检查灯开关是否关闭。

（3）特种作业操作时无专人监护。

◆ **防范措施**

（1）登高作业应使用专用登高用具。

（2）安装灯管前，应确保电源在关闭状态下。

（3）特种作业操作时应配专人监护。

◆ 警示语

操作工　换灯管　安全梯　要到位

灯开关　要关闭　监护人　身边站

41. 阀门损坏事件

◆ **事件经过**

某日，某员工上班后，接到去净化油罐倒流程的任务，于是带上F扳手来到净化油罐操作间关闭原油进口阀门。当关闭阀门后，该员工听到阀门内还有原油流动声音，于是用F扳手对进口阀门进行压紧，在操作中因用力过大，造成阀门内部断裂，阀门损坏。

◆ **原因分析**

（1）未正确使用工具。

（2）压紧阀门用力过大。

◆ **防范措施**

（1）正确使用工用具。

（2）压紧阀门时，应循序渐进用力，避免用力过大，损坏阀门。

◆ 警示语

倒流程　关阀门　有油声　要压紧　用工具

要正确　力莫大　慢慢紧　使蛮力　毁设备

42. 管线坑道盖板伤人事件

◆ **事件经过**

某年，某员工对站区管线坑道进行检查维护，该员工打开坑道的盖板随手就靠在旁边的管线上，自己就下到坑道内对管线进行清理维护。就在检查维护中，忽然刮来一阵风把盖板吹倒，盖板碰到了正在坑道内清理维护管线的员工身上，造成该员工身上受到碰伤。

◆ **原因分析**

（1）管线盖板掀开后未放置安全位置。

（2）受限空间作业时，未配专人监护作业。

◆ **防范措施**

（1）管线盖板掀开后应固定或放置安全位置。

（2）受限空间作业时，应配专人监护作业。

◆ **警示语**

油管线　坑中放　操作工　来维护　监护人
要到位　盖板掀　要固定　安全处　来放置

43. 班车带玻璃伤人事件

◆ **事件经过**

某年，某员工班组窗户玻璃损坏，到队上领取了玻璃后，就直接抱着玻璃坐上送班车上井。该员工为防止玻璃破碎，就一直抱着，送班车在行驶中压过一个小坑，随着车内颠簸，该员工手中的玻璃弹起，使该员工的下巴部位被割伤。

◆ **原因分析**

（1）手抱玻璃坐车，属于违章行为。

（2）搬运玻璃没有对玻璃采取安全防护措施。

（3）没有安排送货车辆拉玻璃。

◆ **防范措施**

（1）严禁手抱玻璃坐车，杜绝违章行为。

（2）搬运玻璃要提前对玻璃采取安全防护措施。

（3）运送玻璃应安排送货车辆，物与人应分离。

◆ 警示语

送班车 员工坐 运玻璃 货车送 人与物 应分离 易碎品 包装好 无隐患 平安行

44.劳保服穿戴不规范事件

◆ **事件经过**

某日,一名新上岗员工到污水泵房检查设备运转情况,在用手背检查泵联轴器两端轴承温度的时候,该员工衣服袖口一角突然掉下,险些卷进泵联轴器中,险些造成伤害事故。

◆ **原因分析**

(1)该员工劳保服穿戴不规范。

(2)联轴器未安装防护罩,设备设施不齐全。

◆ **防范措施**

(1)作业中要正确规范穿戴劳保用品。

(2)泵联轴器应安装防护罩,确保运转设备设施完好。

◆ **警示语**

查设备 在运转 劳保服 要规范 衣袖口
要扣上 联轴器 有防护 设施全 才保险

45. 曲杆泵紧密封填料事件

◆ 事件经过

某日，某员工在站区进行巡回检查，在巡检时，发现综合泵房备用1#泵密封填料处在滴油，填料压盖有些松动，于是就拿出随身携带的小扳手对压盖螺栓进行紧固。当紧完一侧，要紧固另一侧的压盖螺栓时，泵突然缓慢运转起来，该员工吓得立即后退，连人带扳手摔在地上。

◆ 原因分析

（1）停泵后未将曲杆泵自动切换为手动。

（2）备用设备没有切断电源，作业时设备发生自转现象。

◆ 防范措施

（1）停泵后应将曲杆泵自动切换为手动。

（2）备用设备应切断电源，挂"严禁合闸"警示牌。

◆ 警示语

　　备用泵　断电源　警示牌　要挂牢

　　自动挡　换手动　无隐患　再操作

46. 未按规程更换压力表事件

◆ **事件经过**

某日，某员工到综合泵房更换一台长期停用设备的压力表，该员工来到设备前，因觉得是长期停用设备，所以就直接对压力表进行拆卸，在拆卸压力表过程中，压力表管线里的余压带着原油余液直接喷出，把该员工的脸喷得乌黑。

◆ **原因分析**

（1）拆卸压力表前未打开放空阀放空泄压。
（2）拆卸压力表时，未边拆卸边泄压。

◆ **防范措施**

（1）拆卸压力表前应先打开放空阀放空泄压。
（2）拆卸压力表时，应边拆卸边晃动压力表泄压。

◆ **警示语**

压力表　要更换　控制阀　先关闭　再打开
放空阀　泄完压　后拆卸　边拆卸　边晃动

47.阀门刺漏事件

◆ **事件经过**

某日,张某与李某到综合泵房进行更换阀门作业。切换流程后,李某刚打开压力表处放空阀门进行放空泄压,张某就随手用扳手将阀门法兰螺栓卸松,当螺栓卸松后,管线内的余压扑面而来,将张某的身体喷黑。

◆ **原因分析**

(1)未确认压力表放空处泄完压就进行拆卸。

(2)拆卸阀门法兰螺栓先拆正面螺栓。

◆ **防范措施**

(1)压力表放空泄完压时,确认压力表指针落零无压力后再进行拆卸作业。

(2)拆卸阀门法兰螺栓应先拆底部螺栓。

◆ **警示语**

换阀门 先放空 没压力 再拆卸 下螺栓 先松动
上螺栓 最后拆 监护人 要到位 责任心 要加强

48. 下楼梯打电话摔伤事件

◆ **事件经过**

某日,办公室一名员工下班下楼梯时,手机突然响起,该员工边接电话边下楼,走着走着脚下突然踏空,从楼梯上滚落下来,造成摔伤。

◆ **原因分析**

(1)下楼梯时接听电话,未手扶扶梯。
(2)楼梯口及转弯处未有安全提示语。

◆ **防范措施**

(1)上下楼梯时应手扶扶梯,避免接打电话。
(2)楼梯口及转弯处应贴上安全提示语。

◆ **警示语**

上下班 走楼梯 接电话 手扶梯
楼梯口 转弯处 警示语 要贴清

49. 清扫卫生漫水事件

◆ **事件经过**

某年夏季,某员工打扫值班室卫生,正在更衣室水池里清洗拖把时,值班室电话响了,就急忙放下拖把,随手关上更衣室的门跑去接电话,等接完电话回来时,发现更衣室的门锁上了,该员工赶紧去找更衣室钥匙,等找到钥匙将门打开后,更衣室水池的水已经漫出水池,更衣室一片汪洋。

◆ **原因分析**

该员工接电话前,未关闭更衣室水池阀门。

◆ **防范措施**

该员工接电话前,应先关闭更衣室水池阀门。

◆ **警示语**

更衣室 洗拖把 接电话
先关水 关门时 莫锁门

50. 屋顶落物事件

◆ **事件经过**

某年,某员工上班,正好碰上刮大风,该员工在巡检回来的路上,边躲风边往值班室走,走到值班室就沿着房子边行走,突然从房顶上掉下个东西砸到该员工安全帽上,因有安全帽的保护,该员工避免了人身伤害。

◆ **原因分析**

(1)刮风天在屋檐下躲风。

(2)屋顶上的杂物没有及时清理。

◆ **防范措施**

(1)刮风天不宜在屋檐下走路,避免房顶上东西被风吹下滑落伤人。

(2)及时派人清理屋顶上的杂物,消除安全隐患。

◆ **警示语**

刮风天　屋檐下　莫走动　屋顶上　有杂物

易落下　勤清理　无隐患　少伤害

51. 反应罐检修中毒事件

◆ 事件经过

某年,污水处理站反应罐检修,两名检修人员到达反应罐,用扳手拆下人孔螺栓后,打开人孔盖,准备检测反应罐内有毒有害气体时,发现没有带"四合一"检测仪。其中一名检修人员自认为是老员工,没当回事,直接将头伸进了反应罐人孔,跟着后面的另一名检修人员突然看到该检修人员双脚在罐外猛地往后一蹬,上半身在反应罐内,下半身在反应罐外不动弹了。后面的检修人员赶紧将人从人孔中拖了出来,发现该检修人员已被罐内气体呛昏过去。

◆ 原因分析

(1)作业前,未执行进入受限空间作业管理规定。
(2)未对反应罐内有毒有害气体进行检测。
(3)监护人员没有及时制止违章事件发生。

◆ 防范措施

(1)作业前,应严格执行进入受限空间作业管理规定。

(2)进入反应罐内必须先检测后作业。

(3)监护人员应及时制止违章事件发生。

◆ 警示语

反应罐　要检修　工用具　带齐全　先检测

后作业　监护人　责任重　有违章　要制止

52. 临时用电线路违章事件

◆ 事件经过

某年,某施工方在稠油处理站施工作业,施工现场需临时用电,施工人员为了方便随意用花线接了个插座,在没有插头的情况下,直接用小木棍插在电源的插座上,正准备作业时,被处理站安全员在巡查时发现,当场要求施工方停工,避免了一次安全事故的发生。

◆ 原因分析

(1)在没有橡皮电缆线的情况下,用花线接临时用电。

(2)在没有插头的情况下,用小木棍代替插头。

(3)承包商安全员未进行检查、监护。

◆ 防范措施

(1)临时用电线路必须要符合规范,应该用防水防腐的橡皮电缆线。

(2)接通电路时,必须用合规插头或者正确接在开关的下桩头。

（3）承包商安全员在施工时,要对场地、设备、施工、人员进行检查、监护。

◆ 警示语

   临时电 要规范 电缆线 要标准

   通电路 要合规 安全员 严执行

53. 配电间短路起火事件

◆ 事件经过

某日晚上,施工方对稠油处理站地面混凝土进行施工作业,在用振动棒进行振捣作业时,连接振捣棒电缆线的配电间突然发生短路起火,作业人员立即停止作业,用灭火器将配电间的火扑灭。事后,在查找配电间起火事故原因时,发现是因振捣棒电缆线漏电,导致整个地面钢筋全部带电,造成配电间短路起火。

◆ 原因分析

(1)振捣棒的电缆线绝缘胶皮老化、过期漏电。

(2)没有安装漏电保护装置。

(3)承包商安全员未进行检查、监护。

◆ 防范措施

(1)使用前检查电缆线是否合格。

(2)用电设备一定要安装漏电保护装置,防止短路发生火灾。

（3）承包商安全员在施工时，要对场地、设备、施工、人员进行检查、监护。

◆ 警示语

工地上　要用电　电缆线　要合格　防漏电　有装置
施工员　要培训　安全员　要到位　全做到　除隐患

54. 地下深水井碰伤事件

◆ 事件经过

某年冬天，某员工到地下深水井进行启泵作业，在手扶地下井扶梯蹲身往下走时，左脚刚进入地下井内还未站稳，右脚一下打滑，就跟着跨过来，一下子碰到扶梯边上。回到值班室后，将鞋子脱下，发现脚面红肿，造成软组织挫伤。

◆ 原因分析

（1）进入地下井下扶梯时动作过快。
（2）铁质扶梯，冬天防滑性能差，未进行防滑处理。

◆ 防范措施

（1）进入地下井下扶梯时，动作应平稳。
（2）冬天应在铁质阶梯上铺层毛毡，起到防滑作用。

◆ 警示语

铁扶梯　冬季滑　阶梯上　铺毛毡

下井时　动作慢　脚踩稳　手抓牢

55. 配电室维修电击事件

◆ 事件经过

某日,某员工在值班时,接到员工反应综合泵房配电室跳闸,设备无法启动,便独自一人带上工具去配电室进行检查维修。该员工在用试电笔检查过程中,突然感觉到一股电流由试电笔流入身体,该员工手臂本能地一甩,甩掉了试电笔。后来在检查中发现,原来是试电笔上的绝缘保护层损坏,造成电击。

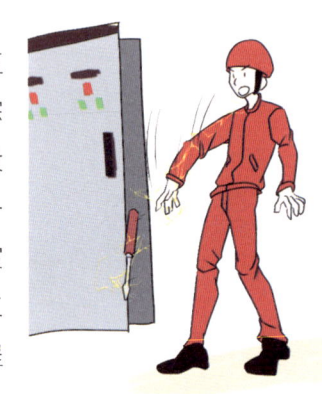

◆ 原因分析

(1)无电工作业证,进行作业。
(2)作业前未检查试电笔是否合格。

◆ 防范措施

(1)电气维修作业必须由专业电工持证人员进行维修。
(2)作业前应检查试电笔及相关工用具确保完好合格。

◆ 警示语

　　　　电作业　没有证　莫碰它

　　　　干活前　工用具　要检查

56. 跌落油罐车事件

◆ **事故经过**

某日,某员工在卸油台给一辆油罐车装油,在启泵装油10分钟后,该员工准备到油罐车顶查看油位,该员工登上装油平台后,直接从平台过道跳到油罐车顶上,由于车顶上有残油,导致该员工未站稳从罐车车顶上摔下来,造成右手扭伤。

◆ **原因分析**

(1)该员工未从装油平台过道上平稳迈到油罐车顶。

(2)车顶残油未及时清理。

◆ **防范措施**

(1)查看油罐车油位,应平稳迈到油罐车顶。

(2)车顶残油应及时清理,防止操作时员工滑倒摔伤。

◆ **警示语**

  油罐车 看油位 平台上 莫跑跳
  油罐顶 有残油 及时清 消隐患

57. 加药箱挡板掉落事件

◆ 事件经过

某日,某员工在加药泵房加破乳剂时,将地面加药箱挡板掀开后,进行添加破乳剂操作,在往加药箱倒破乳剂的时候,加药箱挡板突然落下来,操作员工赶紧用破乳剂桶挡住,避免一起事故发生。

◆ 原因分析

加药箱挡板掀起后没有固定。

◆ 防范措施

加药箱挡板掀起后,先固定再作业。

◆ 警示语

加药箱 掀挡板 先固定 再作业

58. 设备螺栓松动事件

◆ **事件经过**

某日，某员工在综合泵房进行设备切换操作，备用设备启动后，发现电机设备声音异常，震动很大，该员工立即停止备用设备，进行检查。检查中发现电机两个地角螺栓松动，接地线螺栓不知去向。

◆ **原因分析**

（1）启泵前未对备用设备进行起泵前检查，就进行启泵作业。

（2）备用设备未进行定期保养检查。

◆ **防范措施**

（1）启泵前应对备用设备进行启泵前检查，合格后方可启泵。

（2）按时对备用设备进行定期保养检查。

◆ **警示语**

备用泵　启动时　按规程　先检查　完好后
再启动　维修班　莫偷懒　要定期　来维护

59. 发动机盖子未扣牢事件

◆ 事件经过

某员工从井上回来后,准备驾车回家。该员工在停车场将自己的小轿车前发动机盖子打开检查车况,检查完后,随手就把车前部发动机盖子扣下,转身就坐到车内启动车辆,刚发动着向前走时,前发动机盖子突然翻起,打碎了小车的挡风玻璃。

◆ 原因分析

关前发动机盖子时未扣牢,就启动车辆。

◆ 防范措施

关前发动机盖子时,确定扣牢后再启动车辆。

◆ 警示语

小轿车　查车况　查看完　盖盖子

盖好后　拉一拉　没问题　再发动

60. 启动离心泵违章操作事件

◆ 事件经过

某日,某员工在综合泵房启动离心泵后,发现压力表没有显示压力,泵在空转,想起启泵时没有开放空阀门放空,于是就直接将放空阀打开放空,在打开放空阀门时,放空处突然喷出带气体的污水,直接将该员工滋了一身油污。

◆ 原因分析

(1)操作员工操作程序不熟练,启动离心泵之前,未进行放空作业。

(2)放空作业未停泵操作。

◆ 防范措施

(1)启动离心泵前,应先进行放空作业,待泵内充满液体后方可启泵。

(2)进行放空作业时,应先停泵后再操作。

◆ 警示语

　　离心泵　启动前　先放空　再启泵

　　泵空转　有问题　先停泵　再整改

61. 密封填料烧焦事件

◆ **事件经过**

某日,某员工到污水泵房启动离心泵,离心泵启动后,转身就走出泵房。半个小时后,另外两名员工进泵房时,发现泵房内全是烟雾及煳味,赶紧停泵。经检查发现,该员工在启泵时忘记打开冷却水,致使密封填料烧焦。

◆ **原因分析**

(1)启泵前未进行启泵前检查准备工作。

(2)启泵后没有按照操作规程检查泵运转情况。

◆ **防范措施**

(1)启泵前,应进行启泵前检查准备工作,完好后,再启泵。

(2)启泵后要按照操作规程进行启泵后运转检查,确保正常后方可离开泵房。

◆ 警示语

　　　　　离心泵　启动前　先检查
　　　　　没问题　再启动　启动后
　　　　　再检查　都正常　出泵房

62. 清罐中毒事件

◆ **事件经过**

某年夏季,稠油处理站对沉降罐进行清罐作业,在排尽沉降罐内余油后,将人孔、排污孔打开,进行油气排放。第二天上班后,某清罐员工觉得罐内油气应该排尽,就直接拿上工具进到罐内准备清罐,该员工刚进到罐里直接被油气熏倒,跟在外面的人员赶紧将该员工拖出油罐,进行急救。

◆ **原因分析**

(1)作业前未进行风险辨识。

(2)作业前未对罐内用蒸汽蒸煮,水冲洗。

(3)进罐作业时,未检测罐内有毒气体浓度。

(4)监护人员未到位进行监护。

◆ **防范措施**

(1)作业前应先进行风险辨识。

(2)清罐前应对罐内用蒸汽蒸煮,水冲洗。

（3）进罐作业时，必须按照"先检测，后作业"的原则，检测罐内有毒有害气体浓度，符合安全标准后，才可以进行作业。

（4）监护人员在场情况下，方可进行作业。

◆ 警示语

清罐活　重安全　蒸汽煮　水冲洗　监护人
要在场　用仪器　先检测　没问题　再作业

63. 维修罐区阀门操作不当事件

◆ **事件经过**

某日,某员工在油罐阀门间操作平台上维修保养罐进、出口阀门,在紧螺栓时,扳手打滑失落,造成该员工重心失衡,从阀门间操作平台上摔到阀门之间的空隙里,造成擦伤。

◆ **原因分析**

(1)操作员工未正确使用工用具,紧螺栓时,扳手开口不合适。

(2)紧螺栓时,没有自我保护意识,用力过大。

◆ **防范措施**

(1)紧螺栓时,正确使用工用具,扳手开口度要与螺栓直径吻合。

(2)紧螺栓时,应平稳操作,加强自我保护意识。

◆ **警示语**

紧螺栓 用扳手 要正确 开口度

要合适 用力时 要平稳

64. 劳保服穿戴不全事件

◆ 事件经过

某日，某员工和班长一起去更换换热器来油管线阀门，在拆松螺栓后，换热器油管线中的余油漏出，该员工急忙跑去拿污油桶，就听"砰"的一声，班长赶紧跑过去，只见该员工头碰到管线上，头部被管线碰伤。

◆ 原因分析

（1）作业前，没有将污油桶放到更换阀门法兰下。
（2）该员工作业前，未戴安全帽。
（3）作业前，班长作为监护人未起到监护作用。

◆ 防范措施

（1）作业前，应先将污油桶放到要更换的阀门法兰下。
（2）作业前，应先佩戴好安全帽。
（3）作业前，班长作为监护人，应提醒该员工佩戴安全帽及做好更换前准备工作。

◆ 警示语

换阀门　拆螺栓　污油桶　先放好

安全帽　要戴好　监护人　要做好

65. 跨越管线事件

◆ 事件经过

某日,某员工巡检完后,在回值班室的途中,走近道往回走,在遇到地面管线时,便直接跨到管线上,在翻越管线时,一脚踏空,重心失衡摔落下来,腿部被摔伤。

◆ 原因分析

(1)该员工未按巡检路线往返作业。

(2)该员工违章跨越管线。

◆ 防范措施

(1)严格按照巡检路线往返作业。

(2)禁止违章跨越管线。

◆ 警示语

巡检路　有安排　按路线　往返走

跨管线　是违章　腿受伤　疼自己

66. 雪天巡回检查滑倒事件

◆ **事件经过**

某年冬季,某员工巡回检查,在查看完换热器温度后,直接在积雪里行走,在回值班室的路上滑倒,造成脚踝扭伤。

◆ **原因分析**

(1)该员工未按巡回检查路线往返作业。

(2)站区积雪没有及时清理干净。

◆ **防范措施**

(1)巡检时,严格按巡检路线往返作业。

(2)站区积雪应组织人员及时清理干净,清除各种隐患。

◆ **警示语**

冬雪天　巡检路　来往返

有积雪　及时清　除隐患

67. 倒流程扭伤腰事件

◆ 事件经过

某日，某员工进入罐区阀门间倒流程，因罐区阀门太紧，不好开，该员工又没有带F扳手，于是该员工用一只脚蹬在管线上，两手握住阀门手轮一块使劲，手轮转动时，人往后一仰将腰扭伤。

◆ 原因分析

（1）阀门作业时，未带F扳手。
（2）开阀门时，操作姿势不正确。
（3）阀门未定期进行维修保养。

◆ 防范措施

（1）阀门作业时，应带上F扳手。
（2）开阀门时，应按照正确动作开关。
（3）阀门应定期进行维修保养。

◆ 警示语

阀门紧　用工具　没有带　回去拿
开阀门　姿势正　要定期　来保养

68. 违章吊装事件

◆ 事件经过

某日,某员工配合污水处理站吊车进行管线吊装作业。在管线离地面还有1m时,管线左右摆动,为了把管线摆放整齐,该员工急忙上前用手去扶,结果手臂被管线撞到,造成手臂受伤。

◆ 原因分析

(1)吊装管线作业中,未装牵引绳。

(2)吊装现场无监护人监护。

◆ 防范措施

(1)吊装管线作业时,应在管线上安装牵引绳,方便员工操作。

(2)吊装现场应有监护人在场,方能操作。

◆ 警示语

起吊活　须牢记　无证照　莫上岗　无监护
莫操作　无牵引　莫用手　不违章　不受伤

69. 戴手套用手锤受伤事件

◆ 事件经过

某年冬季,某员工在室外进行阀门更换作业,在拆卸螺帽时,因螺帽太紧卸不下来,于是,该员工就一手拿扳手卡住螺帽,一手用手锤对扳手手柄进行敲击,在敲击过程中,手锤打滑砸在拿扳手的手上,造成手背受伤。

◆ 原因分析

(1)该员工用手锤敲击扳手手柄,属违章行为。
(2)该员工未摘手套用手锤进行敲击作业。

◆ 防范措施

(1)禁止用手锤敲击扳手手柄。
(2)使用手锤进行任何敲击作业时,严禁戴手套。

◆ 警示语

松螺帽　敲扳手　有风险
用手锤　摘手套　把活干

70. 换密封填料摔伤事件

◆ 事件经过

某日,某员工在综合泵房更换离心泵密封填料,在取旧填料时,旧填料压得太紧取不出来,该员工就用勾密封填料用的铁钩子勾住旧填料,用力往外拉,铁钩子一下子从旧填料处脱落,该员工直接坐在地上,铁钩子差一点划伤脸部。

◆ 原因分析

(1)该员工在取旧密封填料时,未先固定好取填料工具。

(2)该员工在取旧密封填料时,未平稳操作。

◆ 防范措施

(1)取旧密封填料时,应先固定好取密封填料工具后,再进行操作。

(2)取旧密封填料时,应平稳操作。

◆ 警示语

　　　　旧填料　不易取　用工具
　　　　先固定　稳操作　无风险

71. 卸油台气体中毒事件

◆ 事件经过

某年冬季,某员工在卸油台进行装油作业,由于装油车辆较多,该员工一直连续进行装油作业,回到值班室后,该员工觉得头晕恶心,造成轻微中毒。

◆ 原因分析

(1)操作员工连续装油时间过长。

(2)连续装油时,未对周围有毒有害气体进行检测。

(3)装油作业时,未准备防毒用具。

◆ 防范措施

(1)操作员工进行连续装油作业时,应及时更换装油员工。

(2)作业时应带上"四合一"检测仪器,及时检测周围环境有毒有害气体情况。

(3)在有毒有害气体环境下作业时,应佩戴防护器具。

◆ 警示语

　　　　　　卸油台　风险大　车辆多

　　　　　　装卸工　及时换　检测仪

　　　　　　要带上　防护品　要备上

72. 领取物料搬运过程受伤事件

◆ 事件经过

某日,作业区派两名员工到库房领取泵头。因泵头比较重,两名员工就用木棒抬起来,往车后备厢走去。在往车上抬放时,泵头突然发生偏斜,其中一名员工弃泵闪身躲开,导致另一名员工手臂扭伤。

◆ 原因分析

(1)抬泵头时,未对泵头进行固定。

(2)两位员工配合作业时,未统一行动。

◆ 防范措施

(1)抬泵头时,应先对泵头进行固定。

(2)两人配合作业时,应及时与对方进行沟通,统一行动。

◆ 警示语

泵头重　需配合　先固定

齐用力　同步起　互沟通

73.巡检脚扭伤事件

◆ 事件经过

某日,某员工巡回检查,边走边录取运转设备数据。突然感觉身体一沉,一只脚踩到地面的低洼处,脚被扭了一下。当时该员工没有在意,当巡查完回到值班室后,发现被扭到那只脚的脚脖渐渐肿了起来,于是直接汇报值班人员,被送往医院进行处理。

◆ 原因分析

(1)该员工录取设备数据时,未停止行走。

(2)巡回检查时,未查看周围地面环境。

◆ 防范措施

(1)巡回检查录取设备数据时,应停止行走,待录取完数据后,再接着巡回检查。

(2)巡回检查时,应注意查看周围地面环境。

◆ 警示语

录数据　莫行走　录取完　要抬头

观地面　查环境　有障碍　绕着走

74. 更换牙块受伤事件

◆ **事件经过**

某日,某培训部门组织员工练习绞板套扣。某员工在套完扣后,要将牙块卸下,在取第二个牙块时,发现牙块被绞板内槽里的铁屑卡住,牙块取不出来,该员工就拿起旁边的铁管敲击牙块,铁管将牙块敲出后,牙块边的铁屑也跟着飞起,溅到该员工眼角处,致使该员工眼睛红肿了好些天。

◆ **原因分析**

(1)该员工用铁管敲击牙块。
(2)该员工没有佩戴防护镜。

◆ **防范措施**

(1)严禁用铁管敲击牙块,属违章行为。
(2)绞板套扣作业时应佩戴好护目镜。

◆ **警示语**

套完扣 卸牙块 防护镜 莫要摘
用毛刷 去铁屑 铁屑无 轻松取

75. 培训受伤事件

◆ 事件经过

某日,某员工在培训基地学习管路连接,该员工蹲在地上,一边看着旁边的图纸一边连接管路。该员工连接完底部管路后,起身准备连接上部管路时,一起身,一下子将头碰到了上部管线预留阀门上,该员工下意识地向一边躲闪,将脸擦伤。

◆ 原因分析

(1)连接管路时,该员工未戴安全帽。
(2)该员工操作前未查看周围环境情况。

◆ 防范措施

(1)连接管路前,应戴好安全帽。
(2)操作过程中,应根据作业位置的不同,提前查看周围环境,以防障碍物伤人。

◆ 警示语

连管路　动手前　安全帽　头上戴　管线多　阀门多
一会蹲　一会起　位置变　要查看　障碍物　提前躲

76. 下平台摔伤事件

◆ **事件经过**

某日,某员工在油罐区阀门间切换流程。切换完流程后,只手拿着F扳手,另一只手拿着手套,从操作平台上沿着扶梯往下走,快到地面的时候,该员工脚下一滑,直接坐在梯子上,造成皮肤擦伤。

◆ **原因分析**

(1)下平台扶梯时,未扶扶梯扶手。

(2)扶梯旁没有明显警示标志。

◆ **防范措施**

(1)下平台扶梯时,应手扶扶梯下平台。

(2)扶梯旁应标识"小心台阶"或"请手扶扶梯上下"等警示语,提醒员工。

◆ **警示语**

下平台 莫忘记 手扶梯 脚踏稳

扶梯旁 警示语 贴一贴 防隐患

77.擦试运转设备绞伤手指事件

◆ 事件经过

某日,某员工到综合泵房进行下班前卫生清洁。在清洁到运转泵附近时,发现泵轴承箱处有油污,便直接拿出大布擦拭轴承箱上的油污,该员工刚将大布放在轴承箱上,大布一下子就被运转设备绞进去,该员工急忙松开大布,手没有被绞进去,但该员工的右手手指被擦伤。

◆ 原因分析

清理设备时,没有停止运转设备。

◆ 防范措施

清理设备时,必须要先"停机、断电、上锁、挂牌"后再进行清洁。

◆ 警示语

机油箱　有油污　擦拭前　先停泵

78. 污水水质分析作业中毒事件

◆ **事件经过**

某日,某污水化验工上班后,拿上取样瓶到调储罐操作间取污水样。该化验工直接走进操作间来到取样阀门前,蹲下去打开取样阀门,以 5~6mL/min 的流量畅流 3min 后,拿出取样瓶接取污水样,取完样关闭取样阀门离开操作间。回到化验室准备做样时,该化验工感觉头晕恶心,同班人员迅速将其转移到空气流通的场所躺下,半小时后症状慢慢消失。

◆ **原因分析**

(1)进入阀门操作间,未提前打开门窗通风。

(2)打开取样阀门排放污水时,人未远离污水取样口,观察污水排放情况。

(3)未打开"四合一"检测仪对污水取样口进行检测。

◆ **防范措施**

(1)进入阀门操作间前,先打开门窗通风。

（2）打开取样阀门排放污水时，人应先离开污水取样口，站到一边观察污水排放情况。

（3）取样前，先打开"四合一"检测仪，边检测边取样。

◆ 警示语

污水样　来提取　开门窗　先通风　检测仪　要打开
取样口　先排污　三分钟　再来取　边测量　边取样

79. 路面结冰摔伤事件

◆ **事件经过**

初春季节,早晚天气温差较大。白天气温高,稠油处理站路边的积雪融化为水,流到公路路面上,到了晚上,没有蒸发的水因夜间的气温低结成一层薄冰。某员工在夜间巡回检查时,不小心踩到薄冰上而摔倒,将手擦伤。

◆ **原因分析**

(1)白天未组织人员及时清理路边积雪及路面积水。

(2)夜间巡回检查人员巡检时,未带应急灯照明路面。

◆ **防范措施**

(1)遇到化雪季节,应立即组织人员及时清理路边积雪及路面积水。

(2)夜间巡回检查人员巡检时,应带上应急灯照明路面,观察到薄冰后绕道行走。

◆ 警示语

积雪化　及时清　变积水　藏风险　到夜间　变薄冰

应急灯　带身上　夜巡检　照明路　见薄冰　绕道行

80. 送班车冬季打滑事件

◆ 事件经过

某年冬天一个下雪的早上,上班人员坐班车前往九区上班。当班车行驶到白碱滩区时,突然送班车司机紧急踩刹车,车轮打滑横停在路的中间,未造成事故发生。

◆ 原因分析

(1)送班车车速太快。

(2)班车车长没有做好监护工作。

(3)未对班车司机进行冬季行车安全讲话。

◆ 防范措施

(1)严格按照班车规定车速行驶,增加 GPS 监控行车速度。

(2)班车车长做好监护工作。

(3)出车前安全讲话落到实处。

◆ 警示语

冬雪天　坐班车　班车长　要监护　安全话
提前讲　行驶路　细观察　不超车　不超速

81. 乘车不系安全带事件

◆ 事件经过

某日,班车拉着员工从井上下班回家。车上的员工都睡意蒙眬,在一个路口,司机突然一个急刹车,坐在前排的员工被惯性甩出座位,手被擦伤。

◆ 原因分析

(1)车上员工未系安全带。

(2)班车长未在出车前检查员工是否系好安全带。

◆ 防范措施

(1)坐车员工必须系安全带。

(2)班车长在班车行驶前要检查员工安全带是否系好。

◆ 警示语

车厢里　睡意浓　安全带　要系好

班车长　责任重　安全带　要检查

82. 刮泥机轨道结冰事件

◆ 事件经过

某年冬季，污水处理站员工来到污泥池，启动污泥池刮泥机，清理污泥，该员工启动设备后就转身回到值班室。30min后，某巡检员工发现刮泥机被烧坏。经检查发现刮泥机轨道结冰，刮泥机不能正常运转，使污泥淤积，起不到搅拌的作用，导致设备损坏。

◆ 原因分析

（1）员工启动刮泥机前，没有做好检查工作。

（2）员工启动设备后，没有及时检查设备是否正常运转。

◆ 防范措施

（1）做好启动前的准备工作，发现问题及时处理解决。

（2）启动设备后，要确保设备正常运转后，方可离开。

◆ 警示语

启动前 查设备 没问题 再启动

启动后 看听摸 都正常 再离开

83. 劳保用品穿戴不全事件

◆ **事件经过**

某天,某员工上班后,忘了换劳保鞋,就到污水处理站过滤器间更换空压机皮带轮。更换时,皮带轮掉落刚好砸在脚上,由于没有穿劳保鞋,砸伤部位一片瘀青,造成软组织挫伤。

◆ **原因分析**

(1)上班时,未更换劳保鞋。

(2)作业前,未检查劳动保护用品是否齐全完好。

◆ **防范措施**

(1)上班时,必须穿戴劳动保护用品。

(2)作业前,应先检查自身劳动保护用品,确保齐全完好。

◆ **警示语**

上班时 劳保鞋 记得换

作业前 劳保全 再操作

84. 切换流程原油泄漏事件

◆ 事件经过

某日,某净化罐油位达到该罐安全液位后,某员工便到净化罐区进行切换流程作业。该员工先关掉待关闭净化罐的进油阀门,然后再到待进油的净化罐阀门间打开该净化罐的进油阀门,等该员工切换完流程巡回检查时,发现综合泵房出口阀门法兰因憋压造成原油泄漏。

◆ 原因分析

切换流程未按照"先开后关"原则进行切换。

◆ 防范措施

切换流程时应按照"先开后关"原则进行切换,避免造成憋压泄漏。

◆ 警示语

倒流程　思路清　先去开

再来关　守原则　无事故

85. 蒸汽阀门冻堵事件

◆ 事件经过

某年初春，某员工巡回检查时发现换热器出油温度没有达到生产要求，于是就来到蒸汽阀门前将阀门出口开大，回到值班室。临下班时，该员工来到换热器前查看出油温度，发现出油温度依然还和以前一样，于是赶快回到值班室给班长汇报。经班长检查发现是蒸汽阀门冻堵，造成蒸汽回水管线冻堵，致使出油温度没有达到要求。

◆ 原因分析

（1）该员工发现出油温度低时，在开大蒸气阀门后，未及时观察出油温度变化。

（2）该员工未针对问题及时进行巡回检查。

◆ 防范措施

（1）发现出油温度低时，在开大蒸气阀门后，应及时观察出油温度变化，正常后方能离开。

（2）应针对处理过的问题及时增加巡回检查频次，

以确保正常生产。

◆ 警示语

巡检时　油温低　处理后　要观察

提温度　要勤看　正常后　再回转

86. 巡检跨站看压力表事件

◆ **事件经过**

某日,某员工上夜班巡检,来到污泥泵房查看泵压力情况,发现泵的压力表表盘正对着电动机,该员工想看清压力表读数,就直接跨站在运转设备上看压力表读数,立即感觉裤角处一阵风起,该员工赶紧将跨出去的腿收回,差点造成绞伤。

◆ **原因分析**

(1)设备压力表安装位置不到位。

(2)员工跨站在运转设备上。

◆ **防范措施**

(1)提醒维修班人员,压力表安装位置到位,确保员工能正确查看压力表。

(2)禁止跨站在运转设备上。

◆ **警示语**

压力表　装到位　巡检工　正确看

运转泵　莫跨站　若受伤　害自己

87.女工未戴安全帽事件

◆ **事件经过**

某日8点班快下班时,某女员工进泵房对运行设备进行卫生清理,该员工在擦拭润滑油箱时,长及腰部的头发卷入泵中,造成头皮整体脱落,送医院后头皮已经无法接上,至今都戴着假发。

◆ **原因分析**

(1)进泵房时长头发没有盘入安全帽内。

(2)清理运转设备时未停泵。

◆ **防范措施**

(1)进泵房前,劳动保护用品必须穿戴齐全,长头发必须盘入安全帽内。

(2)清理设备必须在"停机、断电、上锁、挂牌"状态下清理打扫。

◆ **警示语**

进泵房　清设备　安全帽　戴头上　长头发　盘帽内
设备转　莫上前　先停泵　再清理　安全经　心中念

88. 手指夹断事件

◆ 事件经过

某日,井上刮着大风,某员工进化验室准备作业,打开化验室大门后,没来得及拉住门,化验室大门就被风给快速关闭,造成该员工右手中指上部夹断,血流不止。

◆ 原因分析

(1)大风天气,该员工未抓牢门把手。

(2)大风天气,未及时关闭化验室窗户。

◆ 防范措施

(1)大风天气,开门前应先抓牢门把手再开门。

(2)大风天气,应及时关闭化验室窗户,避免成穿堂风。

◆ 警示语

刮大风 进出门 门把手 要抓牢

扶着门 慢慢回 见风起 关门窗

89. 巡检时脚踝骨裂事件

◆ 事件经过

某日,某员工夜班巡检,该员工直接打开值班室的门就向外走去,下台阶时右脚踏空扭了一下,当时没什么感觉,巡检完后发现脚脖子肿了,下班后去医院检查,确诊为右脚踝骨裂。

◆ 原因分析

(1)夜间出门巡检时,室内与室外有光差,眼睛未适应夜里环境。

(2)夜间出门巡检时,未打开照明灯。

◆ 防范措施

(1)夜间出门巡检时,出门应先停留一会,待眼睛适应夜里环境后,再巡查。

(2)夜间出门巡检时,应先打开照明灯,看清路况后再巡检。

◆ 警示语

夜巡检　莫大意　室内外　有光差　先适应

再巡检　照明灯　先开启　有灯光　再出行

90. 排泥时轻微中毒事件

◆ 事件经过

某日刮着风,某员工在污水处理站进行排泥作业,操作完毕后,回到值班室,该员工感觉身体不适有头晕恶心症状,同班人员迅速将其转移到空气流通的场所,半小时后该员工症状消失,所幸没有造成严重后果。

◆ 原因分析

作业时没有判断风向,站在下风口作业。

◆ 防范措施

严格执行操作规程,人在上风口,先检测后作业。

◆ 警示语

污水站　排污泥　作业前　看风向

上风口　来操作　若不然　易中毒

91. 切换流程憋压刺漏事件

◆ **事件经过**

某日，某员工接到通知，要求对某采油队来液进行计量。该员工进入计量间后，直接先把欲计量的采油队旁通阀门关闭，再去开该采油队分线计量的进口阀门时，进口阀门处直接因管线憋压阀门出现刺漏情况，该员工赶快将流程重新进行切换，恢复正确流程，没有造成严重后果。

◆ **原因分析**

（1）切换流程前，未对运行流程进行确认。
（2）未遵循"先开后关"的原则，正确切换流程。

◆ **防范措施**

（1）切换流程前，应先确认运行流程后再作业。
（2）应遵循"先开后关"的原则，正确切换流程。

◆ **警示语**

计量间　倒流程　先确认　再切换　操作时
守原则　先开启　后关闭　若违章　易憋压

92. 反洗罐跑水事件

◆ 事件经过

某日，污水处理站加药泵房员工在屋内听到屋外有水声，遂出门观望，发现旁边反洗罐跑水，赶快用报话机告之污水值班人员紧急处理。处理后发现是由于反洗罐气动阀故障，安全液位控制失灵，反洗罐液位急剧上涨，造成反洗罐跑水。

◆ 原因分析

岗位员工在监控室未及时监控到异常情况。

◆ 防范措施

岗位员工应随时观察监控室显示屏中各设备运行及储罐液位情况。

◆ 警示语

操作员　勤巡检　显示屏　要勤看　心要细
腿要勤　有问题　速汇报　定方案　早处理

93. 房檐冰凌掉落事件

◆ 事件经过

某年初春,气温转暖,过滤器间屋顶堆积的积雪融化,冰水顺着房顶流下,在屋檐处形成冰凌,随着每天积雪的融化,冰凌越来越大,某员工在进出过滤器间时,屋檐冰凌突然坠落,从该员工左肩擦过。

◆ 原因分析

(1)未及时清理屋顶积雪或屋檐冰凌。

(2)没有防护设施隔离或安全标志提醒员工。

◆ 防范措施

(1)及时清理屋顶积雪,消除安全隐患。

(2)危险区域进行隔离或将标有醒目的安全标志贴到危险区域,提醒员工注意危险。

◆ 警示语

初春到 积雪化 结冰凌 有隐患 除冰凌
要及时 危险地 设隔离 贴标志 要提醒

94. 梯子滑倒摔伤事件

◆ 事件经过

某日,某员工在清理库房货架物品时,在清理到货架最上层时,因货架太高,无法清理,该员工就拿来一把扶梯架在货架上登上去清理物品。在登扶梯的过程中,梯子突然失稳滑移倾倒,致使该员工双膝磕伤。

◆ 原因分析

(1)扶梯摆放后未检查其稳定性。

(2)登高作业区无人监护扶梯。

◆ 防范措施

(1)扶梯摆放后应检查其稳定性后再作业。

(2)登高作业必须要有人进行监护。

◆ 警示语

登扶梯　上高处　监护人

要保护　确稳固　再作业

95.巡检扎伤脚事件

◆ **事件经过**

某日夜班时,某员工到站区巡检,由于天黑视线不好,一脚踩中地面上一个带钉子的木板,被钉子扎伤。

◆ **原因分析**

(1)未执行"三穿一带"标准,未穿劳保鞋。

(2)夜间巡检未带照明用具。

(3)站区巡检路线及周围未按时清理危险物品。

◆ **防范措施**

(1)严格执行"三穿一带"标准,穿劳保鞋。

(2)夜间巡检时要随身携带照明用具。

(3)站区巡检路线及周围应按时清理危险物品。

◆ **警示语**

夜巡工　巡检时　劳保鞋　要穿好　照明灯

要随身　巡检路　有杂物　定期清　方平安

96. 吊运工用具坠落事件

◆ 事件经过

某年夏天，污水处理站过滤器间过滤器进行检修。检修人员用电葫芦进行工具吊运，检修人员在下面固定好挂钩后，便离开现场。此时岗位操作员工进来巡检，没有发现电葫芦在启动中，当工具吊到空中时，有一个工具松动脱落，坠落到地面，与巡检人员擦肩而过。

◆ 原因分析

（1）吊装区域未拉设封闭式警戒线。
（2）吊装物起吊不平稳。
（3）特殊作业无监督人员专人监护。

◆ 防范措施

（1）吊装区域应拉设封闭式警戒线。
（2）吊装物起吊时要平稳操作。
（3）特殊作业应有监督人员专人监护。

◆ 警示语

电葫芦　要启动　专人吊　专人护　警戒线

要拉设　警示牌　要醒目　吊运物　要牢固

97. 膝盖受伤事件

◆ 事件经过

某日,污水处理站两名员工一起到泵房维修作业,俩人边走边聊,没有发现在他们前方不远处有个地沟盖板已被打开,里面有人在作业。当他们走到跟前时,其中一名员工一条腿直接踩空,往地沟掉去,当时这名员工反应快,用双手撑住了身体,没有掉到地沟里,仅造成腿部擦伤。

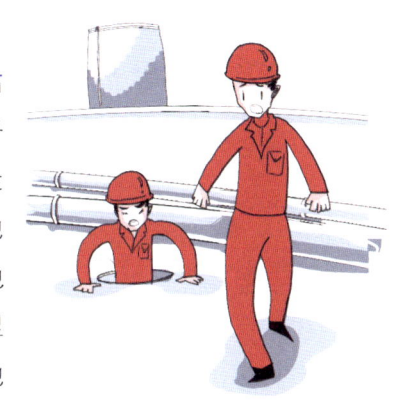

◆ 原因分析

(1)现场地沟作业,未拉警戒线及设立警示牌等明显标记。

(2)地下作业,地面没有监护人员监护。

◆ 防范措施

(1)现场地沟作业,需拉警戒线及设立警示牌等明显标记。

(2)地下作业,地面必须有专人监护,提醒员工。

◆ 警示语

地沟下　有作业　地面上　要警示　警戒线　要拉好

警示牌　要明显　监护人　责任重　有情况　要提示

98. 应急预案演练摔倒事件

◆ **事件经过**

某年安全月,作业区进行《油罐着火应急预案》演练。在演练过程中,由一名员工甩开水龙带到达着火地点安装消防水枪头进行灭火,该员工在甩水龙带时,由于力度过大,人也随着水龙带一块被甩出,摔倒在地,膝盖被擦伤。

◆ **原因分析**

安全操作技能低,应对突发事件的能力差。

◆ **防范措施**

加强应急培训,增加预案演练频次,平时多进行应急预案演练视频的学习,提高安全设施操作技能。

◆ **警示语**

应急案　演练时　手要快　身要稳　甩水带

有技巧　力度大　易摔倒　勤练习　增技能

99. 灭火器演练窒息事件

◆ **事件经过**

某年安全月,在污水处理站外围进行灭火器灭火演练,在演练过程中,一名员工将地面上的灭火器安全销拔出后,提着灭火器迅速跑到着火现场,在压下灭火器压把儿时,匆忙中没有抓紧喷嘴,喷嘴在灭火器压力作用下不停摇摆,大量干粉喷到该员工嘴里、脸上,一时喘不过气来,差点窒息。

◆ **原因分析**

(1)平时对消防器材演练频次过少,应对突发事件的能力差。

(2)灭火器压把压下前,未抓紧灭火器喷嘴。

(3)奔跑时未选择风向,未站在上风口。

◆ **防范措施**

(1)平时加强消防器材使用方法的普及度,并要求员工亲自上手操作,提高应急演练的频率。

(2)灭火器压把压下前,先抓紧灭火器喷嘴。

（3）灭火时一定要先选择风向，人站上风口操作。

◆ 警示语

灭火器　灭火时　上风口　要选择　压把儿

压下前　喷嘴处　需抓牢　勤演练　保平安

100. 灭火器砸脚事件

◆ 事件经过

某日,某员工对站区灭火器进行月检,该员工因为灭火器箱太低,蹲着检查太累,将灭火器从器材箱里拿出直接放在灭火器器材箱上进行检查,在填写责任牌时,灭火器从器材箱上滑落,砸在脚上,造成脚背砸伤。

◆ 原因分析

检查时,未将灭火器放置在安全位置。

◆ 防范措施

检查时,应按照要求将灭火器放置在安全位置。

◆ 警示语

灭火器 要检查 平稳放 很重要

图方便 随意放 砸伤脚 害自己